Annika Schäfer

Behindertenarbeit am Beispiel des Reitsportes und Konsequenzen für die Arbeit im sonderpädagogischen Bereich

GRIN Verlag

Bibliografische Information der Deutschen Nationalbibliothek:

Die Deutsche Bibliothek verzeichnet diese Publikation in der Deutschen National-
bibliografie; detaillierte bibliografische Daten sind im Internet über http://dnb.d-
nb.de/ abrufbar.

Impressum:

Copyright © 2011 GRIN Verlag GmbH
Druck und Bindung: Books on Demand GmbH, Norderstedt Germany
ISBN: 978-3-640-92972-6

Dieses Buch bei GRIN:

http://www.grin.com/de/e-book/172915/behindertenarbeit-am-beispiel-des-reitspor-
tes-und-konsequenzen-fuer-die

Georg-August-Universität Göttingen

Fakultät für Agrarwissenschaften

Department für Nutztierwissenschaften

Behindertenarbeit am Beispiel des Reitsportes und Konsequenzen für die Arbeit im sonderpädagogischen Bereich

vorgelegt am 17.01.2011

von Annika Schäfer

Inhaltsverzeichnis

Abbildungsverzeichnis

I Einleitung

Unsere Gesellschaft verfügt über eine Vielfalt von Möglichkeiten zur Verbesserung der Situation jener, die ein „Handicap" besitzen. Die Zahl der behinderten Menschen in Deutschland beträgt zum Ende des Jahres 2009 7,1 Millionen, dies entspricht 8,7 % der Bevölkerung[1]. Es gilt, diesen Menschen besondere Maßnahmen zukommen zu lassen, um ihre Lebensqualität aufzuwerten oder sie gar zur Führung eines selbstständigen Lebens zu befähigen. Dieser Aufgabe widmen sich zahlreiche Institutionen.

In Hippotherapie und Heilpädagogischem Reiten/Voltigieren kommen Medizin und Psychologie, sowie Pädagogik zusammen, um die therapeutische Wirkung des Pferdes zu nutzen.[2] Aber auch das Behindertenreiten bzw. der Reitsport, der von Menschen mit Handicap durchgeführt wird, macht sich diese besondere Wirkung, welche durch das Pferd erlangt wird, zunutze. Schon mehrfach haben Reiter, die eine Behinderung erfahren haben, auch nach ihrer Erkrankung den Reitsport wieder aufgenommen und große Erfolge erzielt. Aber auch Menschen, welche mit körperlichem oder geistigem Handicap geboren wurden, verzeichnen solche Erfolge. Reiten ermöglicht – im Gegensatz zu anderen Sportarten – eine hervorragende Integration von behinderten und nicht behinderten Reitsportlern, sei es während des Trainings, im sozialen Bereich oder auch bei Turnieren.

In den folgenden Ausführungen werden Begrifflichkeiten geklärt, das Pferd als Therapeut dargestellt und verschiedene Spielarten des Reitens mit Handicap näher erläutert.

II Allgemeine Grundlagen – Reitsport für Menschen mit Handicap

1. Definitionen

1.1 Beeinträchtigungen

Beeinträchtigungen sind Erschwerungen verschiedenster Art und unterschiedlicher Intensität, die die Entwicklung eines Menschen beeinflussen können. Dabei können sie in verschiedenen Bereichen der Entwicklung auftreten. Man unterscheidet Beeinträchtigungen nach ihrem Schweregrad, nach dem Umfang und der Dauer.[3]

1.2 Behinderung (als schwerste Form der Beeinträchtigung)

"Menschen sind behindert, wenn ihre körperliche Funktion, geistigen Fähigkeiten oder seelische Gesundheit mit hoher Wahrscheinlichkeit länger als sechs Monate von dem für das Lebensalter typischen Zustand abweichen und daher ihre Teilhabe am Leben in der Gemeinschaft beeinträchtigt ist", so die gesetzliche Definition von allen und somit auch von Körperbehinderungen nach § 2 Abs. 1 Sozialgesetzbuch IX.[4]

Behinderung bezeichnet allgemein sowohl Schädigungen als auch Funktionsausfälle und –minderungen des Menschen, die seine Entwicklung zur selbstständigen und verantwortlichen Lebensführung beeinträchtigen und ihn gesellschaftlich im Vergleich zu den Gesunden graduell benachteiligen oder hilfsbedürftig machen. Behinderungen können in verschiedenen Bereichen der Entwicklung auftreten, zum Beispiel im körperlichen, motorischen, geistigen, emotionalen und/oder sozialen Bereich.[5]

Bleidick, ein deutscher Heilpädagoge, definiert Behinderung wie folgt: „Als behindert gelten Personen, die infolge einer Schädigung ihrer körperlichen, geistigen oder seelischen Funktionen soweit beeinträchtigt sind, dass ihre unmittelbaren Lebensverrichtungen oder ihre Teilhabe am Leben der Gesellschaft erschwert werden."[6]

1.3 Sonderpädagogik

Die Sonderpädagogik ist ein Teilbereich allgemeiner pädagogischer Theorie und Praxis. Sie beschäftigt sich mit Menschen, die einen besonderen Förderbedarf aufweisen, um ihr Recht auf eine, ihren Möglichkeiten entsprechende, schulische Bildung und Erziehung zu verwirklichen. Die Sonderpädagogik unterstützt und begleitet die Menschen mit Förderbedarf durch individuelle Hilfen, um für diese ein möglichst großes Maß an schulischer und beruflicher Eingliederung, gesellschaftlicher Teilhabe und selbstständiger Lebensgestaltung zu erlangen. Ihr Ziel liegt außerdem in der Erforschung und Verbesserung der auf die zu Erziehenden gerichteten Maßnahmen.[7]

2. Themenkomplex Therapeutisches Reiten

Eine Abgrenzung des „Therapeutischen Reitens" vom „Reiten als Behindertensport" ist zwingend erforderlich, weil die Voraussetzungen und der Personenkreis sich deutlich unterscheiden.

Da in dieser Arbeit der Schwerpunkt auf dem Reitsport liegt, werde ich auf das komplexe Thema „Therapeutisches Reiten" nicht ausführlich eingehen. Jedoch soll es auch knapp beschrieben werden, da oftmals „Reiten als Therapie" die Basis für den aktiven Reitsport für Menschen mit Behinderung darstellt und diese nicht selten eng mit dem Therapeut Pferd verbunden hat.

Abbildung 1 verdeutlicht, dass Medizin, Psychologie, Pädagogik und Pferdesport sich in einigen Bereichen überlappen und über verschiedene Brücken mit dem Pferd einen Bewegungsdialog und eine Beziehungsgestaltung aufbauen können.

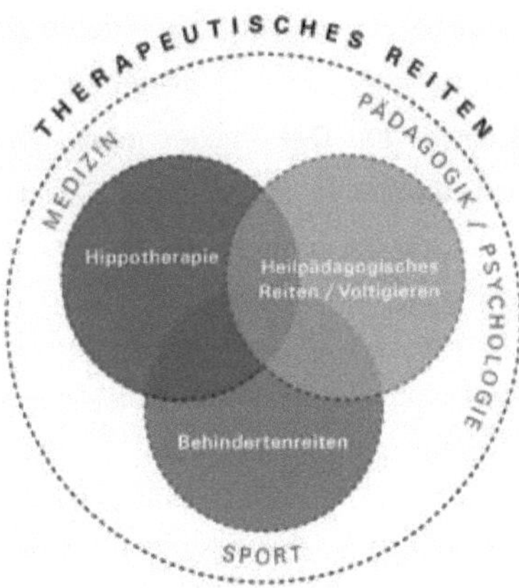

Abbildung 1: Schematische Darstellung der verschiedenen Bereiche im Therapeutischen Reiten, Quelle: http://www.rethagen-rt.de/uploads/pics/Diagramm_01.jpg

2.1. Hippotherapie

Hippotherapie ist eine spezielle physiotherapeutische, ärztlich verordnete und überwachte bewegungstherapeutische Maßnahme, die sich der Bewegung des Pferdes als therapeutisches Medium bedient.[8]

Sie gilt als eine krankengymnastische Einzelbehandlungsmaßnahme, die in ein physiotherapeutisches Gesamtbehandlungskonzept eingebunden sein sollte. Hippotherapie wird grundsätzlich vom Arzt verordnet und von Physiotherapeuten mit der beruflichen Zusatzausbildung Hippotherapie des Deutschen Kuratoriums für Therapeutisches Reiten e.V. (DKThR) in Warendorf mit speziell dafür ausgebildeten Pferden durchgeführt. Diese Therapiepferde werden jeweils von einem Pferdeführer am Langzügel oder auch an der Longe im Schritt und auf genaue Anweisung der Physiotherapeuten geführt. Der begleitende Physiotherapeut macht sich dabei die therapeutisch besonders wertvollen dreidimensionalen Schwingungsimpulse des Pferderückens sowie die Zentrifugal-, Beschleunigungs- und Bremskräfte zu Nutze, die auf den Patienten einwirken. Das Pferd überträgt auf den Rumpf des aufrecht sitzenden Patienten etwa 90-110 dreidimensionale Schwingungsimpulse pro Minute, die fast identisch mit dem Bewegungsablauf des Gehens eines durchschnittlichen Erwachsenen sind. Die Hippotherapie bietet dabei wie keine andere Behandlungsmethode Menschen mit unterschiedlichsten neurologischen

Bewegungsstörungen und dadurch gestörter oder verloren gegangener Gehfähigkeit eine harmonische Fortbewegung im Raum in einem komplexen gangphysiologisch ablaufenden Bewegungsmuster an. Der Patient muss auf die ihm angebotenen Bewegungsimpulse im Rahmen seiner motorischen Fähigkeiten reagieren; d.h. er sitzt nicht aktiv zu Pferde, sondern er antwortet auf die auf ihn ununterbrochen einwirkenden Bewegungsreize.

Muskelfunktionen oder Bewegungsabläufe wie beispielsweise das Gehen können so erhalten, verbessert oder wieder neu erlernt werden.

Die Bewegung des Pferdes hat ebenso Auswirkungen auf das Gleichgewicht und die Koordination, auf die Rumpfaufrichtung und die Rumpfkontrolle, auf die sensomotorische Integration und auch auf die Psychomotorik durch gesteigerte Motivation. Behandelt werden mit der Hippotherapie hauptsächlich neurologische Symptome. Hauptindikationen sind neurologische Bewegungsstörungen als Folge von Multipler Sklerose, Bewegungsstörungen nach frühkindlicher Hirnschädigung (Cerebralparese), Schädel-Hirn-Verletzungen oder Schlaganfällen und einigen anderen neurologischen Krankheitsbildern. Die Hippotherapie wird ein- bis maximal zweimal wöchentlich durchgeführt. Die Behandlungsdauer ist abhängig von der Belastbarkeit und Leistungsfähigkeit des Patienten; sie beträgt durchschnittlich ca. 20 Minuten.[9]

2.2. Heilpädagogisches Reiten und Heilpädagogisches Voltigieren

Unter dem Begriff „Heilpädagogisches Reiten und Voltigieren" werden pädagogische, psychologische, psychotherapeutische, rehabilitative Angebote mit Hilfe des Pferdes bei Kindern, Jugendlichen und Erwachsenen mit verschiedenen Behinderungen und Störungen zusammengefasst. Hier steht nicht die reitsportliche Ausbildung, sondern die individuelle Förderung durch das Medium Pferd im Vordergrund, d.h. vor allem eine günstige Beeinflussung der Entwicklung, des Befindens und des Verhaltens. Im Umgang mit dem Pferd, beim Voltigieren oder Reiten, wird der Mensch ganzheitlich angesprochen: körperlich, emotional, geistig und sozial (Definition nach DKThR e.V.). Das Heilpädagogische Reiten /Voltigieren hat sich beispielsweise für Personen mit Lernbehinderung, geistiger Behinderung, Störungen in der Bewegung und Verhaltensauffälligkeiten als heilpädagogische Maßnahme bewährt.[10]

2.3. Behindertenreitsport

Es kann davon ausgegangen werden, dass diejenigen Behinderten reiten können, „die über ausreichende Belastungsfähigkeit und Bewegungskontrolle (besonders des Kopfes) verfügen und ausreichende intellektuelle und charakterliche Fähigkeiten besitzen, um mit dem Pferd eine Partnerschaft einzugehen".[11]

Der Behindertenreitsport bietet sportfähigen behinderten Menschen (z.B. Körperbehinderten, Sinnesgeschädigten, geistig Behinderten) die Möglichkeit eines interessanten und zugleich therapeutisch wirkenden Freizeitangebotes, welches sich positiv auf ihre physische und psychische Situation auswirkt. Alle Formen des Reitsports, wie Dressur, Springreiten, Voltigieren, Fahren, sind (mit Hilfsmitteln) möglich.

Das Reiten mit Handicap lässt sich in zwei Teilbereiche gliedern: Freizeitsport und Leistungssport. Im Freizeitsport steht die sinnvolle Freizeitgestaltung mit Pferd im Vordergrund, möglichst verbunden mit sozialer Integration in die Gesellschaft, welche bestenfalls schon im Training oder in Reitstunden mit nichtbehinderten Menschen stattfindet. Auch dienen die Bewegungen rund um das Pferd und auf dem Pferd der im Alltag oftmals eingeschränkten körperlichen Aktivität behinderter Personen positiv.

Im Leistungssport nehmen behinderte Reiter oder Fahrer sowohl an regulären Turnieren gemeinsam mit Nichtbehinderten als auch an speziellen Behindertenturnieren teil. Hierfür wurden vom DKThR Richtlinien und eine Aufgabensammlung erarbeitet, welche mit der Deutschen Reiterlichen Vereinigung (FN) abgestimmt ist.[12]

Abbildung 2 zeigt eine routinierte Trainingssituation der erfolgreichen deutschen Reiterin Dr. Angelika Trabert, welche den Dressursport auf internationaler Ebene betreibt.

Abbildung 2: Dr. Angelika Trabert während des wöchentlichen Trainings mit ihrer 16-jährigen Hannoveraner-Stute Walmorel im Reitstall Brähler, Herbstein; Foto: Annika Schäfer

Reiten erfordert eine Partnerschaft zwischen Reiter und Pferd und zugleich beiderseits den Willen, eine bestimmte Leistung zu erzielen. Reitsport beinhaltet das Streben nach einer persönlichen Bestleistung und/oder das Messen mit Anderen im Wettkampf auf der Grundlage des Trainings, welchem positive psychische und physische Effekte zuzuschreiben sind. In jedem Falle ist das Training der Leistungsfähigkeit des behinderten Menschen anzupassen, es soll weiterhin nicht als bloße Gesundheitsübung angesehen werden, sondern kann am Beispiel des Reitens mit Freude und persönlicher Bestätigung und Bestärkung verknüpft werden.

Individuell unterschiedlich ist der Einsatz von orthopädischen Hilfsmitteln: So muss in Einzelfällen geprüft werden, ob das Tragen von Prothesen während des Reitens oder die Nutzung von Hilfsmitteln bei der Sattelung und Zäumung des Pferdes sinnvoll ist. Hilfsmittel können dem Reiter eine bessere Möglichkeit geben, feiner auf das Pferd einzuwirken, sicherer zu sitzen und das Pferd besser zu beherrschen – sie stören oder verunsichern aber unter Umständen auch.

Die praktisch durchgeführte Art des Reitens sollte sich bei Körperbehinderten nach Lage des Schadens richten (arm- oder beinbetont). Fehlbildungen oder Verluste der oberen Gliedmaßen ermöglichen oftmals Voltigieren oder das Reiten am Langzügel, denn die Zügelführung ist für den regulären Reitsport unerlässlich. Spezialzügel können die Arbeit erleichtern.

Bei Behinderungen oder Verlusten der unteren Gliedmaßen muss ebenfalls auf entsprechende Hilfen zurückgegriffen werden – ein Verzicht auf die Einwirkung über Gewicht und Schenkel ist nicht gänzlich möglich. Gibt es keine Möglichkeiten, per Hilfsmittel die Schadenslage zu begrenzen, entsteht hier die Möglichkeit des Fahrsportes für Behinderte.

3. Therapeut und Sportpartner Pferd

3.1. Charakter des Pferdes

„Ein Pferd begegnet dem Menschen ohne Vorbehalte. Ihm ist es egal, ob ich ihm auf dem Boden kriechend, im Rollstuhl sitzend oder gehend entgegenkomme. Es wird lediglich einmal interessiert schauen.", so Dr. Angelika Trabert.[13] Es erlaubt intensiven Körperkontakt und ermöglicht starke Sinneserfahrungen, wie Gleichgewicht, Geschwindigkeit, Raum, Geruch, Berührung und weitere subjektive Empfindungen. Die gesamte Koordination des Körpers wird geschult und motorische Defizite können ausgeglichen werden.

Dank seiner Sensibilität und seines Einfühlungsvermögens lässt sich ein Pferd trotz seiner Stärke und Größe auch von einem Menschen, der möglicherweise körperlich schwach ist oder in seinem Wesen zurückhaltend und passiv, führen und lenken.

Ausschlaggebend ist nicht so sehr die Eignung durch Körperbau und Bewegungseigenschaften, sondern das wesentliche Kriterium liegt in seinem Charakter. Gefordert sind ein ruhiges, Vertrauen erweckendes Wesen, Intelligenz, Mut und die nötige Bereitschaft, sportliche Leistung zu bringen. Pferde, die mit zwei Gerten als Schenkel-Ersatz geritten werden sollen, dürfen zudem keinerlei Angst vor diesen aufweisen und deren Einsatz auch niemals mit Bestrafung verknüpfen.[14]

Ein Pferd, das für die Arbeit mit Behinderten eingesetzt werden soll, muss den Menschen freundlich und vertrauensvoll begegnen; von ihm sind Kontaktbereitschaft und soziale Eigenschaften zu fordern sowie ein gewisser Grad von Geduld und

Gelassenheit. Allerdings sind auch Pfiffigkeit, Begabung und Leistungsstärke notwendig, um bestimmte sportliche Ziele verfolgen zu können.

Für den Reitsport, der von Menschen mit Handicap ausgeführt wird, sind zudem Pferde erwünscht, die zwar ungeschickte Hilfengebung durch Beeinträchtigungen der Gliedmaßen des Reiters oder gar starke Verkrampfungen tolerieren, jedoch auch Hilfen annehmen und auf diese reagieren, sind sie auch noch so fein und mit wenig Kraft übertragen. Als Beispiel sei hier erneut Dr. Angelika Trabert genannt, welche ihre fehlenden Beine durch zwei einfache Dressurgerten ersetzt. Hinzu kommen oftmals stimmliche Hilfen, auf die das Pferd unter jeden Umständen hören sollte. In Situationen, in denen beispielsweise vermehrt ein treibender Schenkel gebraucht wird, können so Schnalzlaute dosiert eingesetzt werden. Weiterhin können bestimmte Anzahlen von Schnalzlauten auch dem Pferd Hinweise darauf geben, die Gangart zu wechseln.

Es sei erwähnt, dass auch Pferde, die nicht alle der oben genannten Charakterzüge aufweisen, die temperamentvoll, bewegungsfreudig und im allgemeinen Umgang nicht sonderlich geduldig sind, die Situation von Menschen mit Handicap einzuschätzen vermögen und dementsprechend rücksichtsvoll reagieren.[15]

3.2. Ausbildung des Pferdes

Es erfordert grundlegende Kenntnisse, um das Pferd als „Sportpartner" für Behinderte optimal und mit Verständnis für sein Wesen einzusetzen. Man muss die biologischen Merkmale seiner Rasse, seiner Beschaffenheit und seiner Entwicklung kennen, sowie den artgerechten Umgang mit dem Pferd. Dieses Kapitel soll jedoch nur kurz beschrieben werden.

Körperbau, Gangeigenschaften, Beurteilung

Einige der wichtigsten Muskelzüge, die für die Mechanik besondere Bedeutung haben oder in unmittelbarer Wechselbeziehung zu Einflüssen des Reitergewichtes stehen, lassen sich durch zwei Hauptgruppen in einen wechselseitigen Wirkungszusammenhang (Antagonisten und Agonisten) darstellen: a) das Nacken Rückenband und b) das Hals-Bauchband.[16]

Abbildung 3: Muskulatur des Pferdes; Nacken-Rückenband (schraffiert), Hals-Bauchband (gepunktet), nach HEIPERTZ

Abbildung 3 zeigt für das Reiten wichtige Muskelverbindungen, deren Kontraktion oder Entspannung die Bewegung des Pferdes im Sinne der Versammlung und der Losgelassenheit des Rückens beeinflussen und damit Konsequenzen für die therapeutische Einwirkung auf den Reiter haben. Ein korrekt ausgebildetes Pferd ist gymnastiziert und ausbalanciert und geht entspannt und gelöst. Es trägt seinen Reiter und vermittelt ihm korrekte und angenehme Bewegungsempfindungen.

Die weitere Arbeit zielt auf zunehmende Versammlung und Aufrichtung des Pferdes. Versammlung bedeutet das vermehrte Treten der Hinterbeine unter den Schwerpunkt in Relation zur Aufrichtung durch zunehmende Winkelung und Senkung der Hinterhand.

Aus der bloßen Betrachtung der anatomischen Gegebenheiten wird deutlich, dass die dressurmäßige Ausbildung eines Pferdes, insbesondere eines Therapiepferdes (oder eines Pferdes für den Einsatz im Reitsport für Behinderte), unter wesentlichen Gesichtspunkten der gymnastischen Durchbildung des Körpers mittels Training der Muskeln und Organe unerlässlich ist. Dabei erfolgt eine umfangreiche Bewegungsschulung und Verbesserung der Gesunderhaltung des Pferdes durch Entlastung der anatomisch schwächeren Vorhand und Belastung der stärkeren Hinterhand.[17]

Wie bereits in Kapitel 3.1 aufgeführt, ist der Charakter des Pferdes maßgeblich für dessen Eignung als Therapiepferd bzw. als Pferd für Menschen mit Handicap. An dieser Stelle soll aber auch auf das Exterieur des Pferdes eingegangen werden, da dieses direkt mit der Gesundheit eines Pferdes verknüpft ist. Das Exterieur bestimmt außerdem die Verwendbarkeit des Pferdes für Dressur-, Spring-, Fahrsport, Voltigieren oder lediglich freizeitgestaltende Ausritte in die Natur.[18]

Rahmen

Wünschenswert sind Pferde mit einem großen Rahmen, da dieser auf eine gute Beweglichkeit hindeutet und somit für Sportpferde erwünscht ist. Ein Pferd mit großem Rahmen hat in Relation zu seiner Größe lange Schultern und eine lange Kruppe. Das gewünschte Stockmaß sollte sich am Körpergewicht und der Größe des Reiters orientieren, ist jedoch eher zweitrangig.[19]

Ganaschen

Bedeutsam ist zudem die Ganaschenweite: Eine zu enge Stellung der Ganaschen macht es dem Pferd schwer bis unmöglich, die bei der Dressur geforderte Haltung aufzunehmen. Dies ist mitentscheidend für die Eignung zum Reitsport.[20]

Hals

Für den Reitsport ist ein Hals gefordert, der sich leicht aufwölbt und in Anlehnung an den Zügel seinen höchsten Punkt im Genick hat. Weiterhin soll die Oberlinie des Halses gut bemuskelt sein (durch Training erzielbar) und der Hals eine hinreichende Länge aufweisen.[21]

Rumpf

Man unterscheidet zwischen Quadrat-, Längsrechteck- und Hochrechteckpferden. Gemessen wird dabei jeweils das Verhältnis von Stockmaß zu Rumpflänge. In der Dressur wird auf Grund der besseren Rückenfreiheit (Beweglichkeit) das Längsrechteckpferd – Rumpflänge größer als Widerristhöhe – bevorzugt. Als Arbeitspferde werden dabei eher Quadratpferde bevorzugt, weshalb diese auch meist beim Western- und Freizeitreiten anzutreffen sind.[22]

Rücken

Der Rücken soll kräftig sein und frei schwingen können, um das Gewicht des Reiters gut aufnehmen zu können. In der Dressur sind Pferde gewünscht, die die nötige Freiheit im Rücken besitzen, andererseits aber auch nicht zu lang sind. Fehler im Rücken sind der Senkrücken, ein nach unten gewölbter Rücken und der Karpfenrücken (Aufwölbung des Rückens). Auch für den Fahrsport sind Pferde mit Karpfenrücken ungeeignet, da der nach hinten gerichtete Druck des Geschirrs hier nicht korrekt auf die Hinterhand übertragen werden kann. Bei allen Reitpferden sind gleich hoher Widerrist und Kruppe gewünscht.[23]

Kruppe

Auch die Kruppe ist ein entscheidendes Merkmal für die Verwendbarkeit eines Pferdes. In Dressur- und Springsport ist die schräge, gut gerundete Kruppe erwünscht, die bei unter Tragfähigkeit auch einen optimalen Bewegungsspielraum bietet.[24]

Beine und Hufstellung

Auch sollte auf eine korrekte Stellung der Beine und Hufe geachtet werden, alle Fehlstellungen führen zu einer Mehrbelastung der Gelenke und sollten daher, wenn sie vorhanden sind, gering sein.[25]

4. Menschen mit Handicap

4.1 Körperbehinderungen

Nach Christoph Leyendecker wird eine Person als körperbehindert bezeichnet, die infolge einer Schädigung des Stütz- und Bewegungsapparates, einer anderen organischen Schädigung oder einer chronischen Krankheit so in ihren Verhaltensmöglichkeiten beeinträchtigt ist, dass die Selbstverwirklichung in sozialer Interaktion erschwert ist (vgl. LEYENDECKER 2005).[26] Körperbehinderung ist eine individuelle körperliche Behinderung eines Menschen, ein physiologisches Defizit oder Handicap.

Falls eine Einschränkung der kognitiven Leistungsfähigkeit gegeben ist, ist die Abgrenzung zwischen Körperbehinderung und kognitiver Behinderung unscharf. Körperliche Behinderung kann auch Teil einer Mehrfachbehinderung sein.

Formen der Behinderung:

a)   Cerebrale Bewegungsstörungen

= abnorme Haltungs- und Bewegungsmuster infolge einer Schädigung des noch unreifen Gehirns

- pränatal (z.B. durch Infektionskrankheit der Mutter)
- postnatal (z.B. durch schwere Ernährungsstörungen als Säugling, Gehirnentzündung, Gehirnverletzung)

Der Muskeltonus ist entweder erhöht (Spastik) oder erniedrigt (muskuläre Hypotonie) oder abnorm schwankend. Je nachdem, welche Extremitäten davon betroffen sind, unterscheidet man zwischen Tetraplegie (alle vier Extremitäten), Hemiplegie (Extremitäten einer Körperseite) oder Diplegie (vorwiegend die unteren Extremitäten). Häufig betroffen sind parallel dazu die Mimik und die Sprechmotorik. Damit verbunden sind oft Einschränkungen der Intelligenz, Sprach-, Hör- und Sehstörungen, Verhaltensstörungen, Leistungsschwächen und Anfallsleiden (Epilepsien).[27]

b)   Angeborene Gliedmaßen-Fehlbildungen (Dysmelien)

= Fehlen von Gliedmaßen (Amelie); amputationsähnlicher Stumpf; isolierte Fingermissbildungen (Peromelia)

- Seh-, Hör- und innere Organe können von der Fehlbildung betroffen sein
- 1959 bis 1962: Fehlbildungen durch Contergan[28]

c)   Querschnittslähmung

= verursacht durch eine angeborene Spaltbildung der Wirbelsäule (spina bifida); Verletzung der Wirbelsäule mit der Folge einer Fehlbildung und/oder eine Verletzung des Rückenmarks (Folgen: Lähmungen, Sensibilitätsstörungen verschiedenen Grades)[29]

d)   Progressive Muskeldystrophie

= fortschreitende Kraftlosigkeit der Muskulatur (z.B. infantile Beckengürtelform (Duchenne), juvenile Schultergürtelform (ERB))[30]

Hinzu kommen noch unzählige und oftmals auch individuelle Schädigungsformen.

4.1.1 Sehbehinderungen

Der Begriff "Sehbehinderung" bezieht sich auf ein beeinträchtigtes Sehvermögen, das auf eine verminderte Sehschärfe und/oder ein reduziertes Gesichtsfeld zurückzuführen ist. Außerdem können zusätzliche Probleme wie z.B. erhöhte Blendempfindlichkeit oder Anomalien der Farbwahrnehmung auftreten. Der Verlust des Sehvermögens kann das Sehzentrum, periphere Felder oder nur bestimmte Teile der peripheren Felder des Gesichtsfelds in einem oder beiden Augen betreffen. Man unterscheidet zwischen korrigierbaren und nicht korrigierbaren Sehbeeinträchtigungen. Die Korrigierbaren wie z.B. die Weitsichtigkeit und Kurzsichtigkeit, lassen sich weitgehend mit einer Brille oder mit Kontaktlinsen beheben. Die nichtkorrigierbaren Seheinschränkungen sind häufig angeboren bzw. durch eine Erkrankung oder einen Unfall erworben. Sie betreffen Störungen im Bereich des Sehnervs, der Netzhaut, der Linse oder der Hornhaut. Als hochgradig sehbehindert gilt, wer eine Herabsetzung auf 5 % bis 2 % der Norm (100 %) aufweist. Diese Werte können mit einer Brille oder Kontaktlinsen nicht mehr verbessert werden. Als sehbehindert gilt, dessen Sehschärfe trotz Korrektur in der Ferne und/oder in der Nähe auf 30 % bis 5 % der Norm (100 %) herabgesetzt ist.[31]

4.2 Geistige Behinderungen

Der Begriff geistige Behinderung (= mentale Retardierung) bezeichnet einen andauernden Zustand deutlich unterdurchschnittlicher kognitiver Fähigkeiten eines Menschen sowie die damit verbundene Einschränkung seines affektiven Verhaltens. Der alters- oder krankheitsbedingte Verlust besessener Fähigkeiten (z.B. Intelligenz) wird als Demenz bezeichnet.

Einige Krankheits- oder Behinderungsbilder ähneln der geistigen Behinderung, sind jedoch per Differentialdiagnose von ihr zu unterscheiden. Hierzu zählen z.B. der frühkindliche Autismus, die Demenz oder auch hirnorganische Krankheiten. Geistige Behinderungen bestehen von Geburt an, sie zeichnen sich nicht durch Wahnsymptome aus und das Sozialverhalten ist nicht autistisch.

Klassifizierung in verschiedene Grade:

- leichte geistige Behinderung (leichte Intelligenzminderung)
- mittelgradige geistige Behinderung (mittelgradige Intelligenzminderung)
- schwere geistige Behinderung (schwere Intelligenzminderung)
- schwerste geistige Behinderung (schwerste Intelligenzminderung)
- sonstige geistige Behinderung (andere Intelligenzminderung)

Ursachen geistiger Behinderung

- **endogene Faktoren**: meist auf erblicher Grundlage beruhend (Erbkrankheiten), chromosomale Veränderungen (z. B. Down-Syndrom, Katzenschrei-Syndrom)
- **exogenen Faktoren**: erworbene cerebralen Schädigungen (z. B. durch Unfall, Sauerstoffmangel während der Geburt, Gehirnentzündung, Alkoholkonsum während der Schwangerschaft, Strahlung)

Die häufigste genetische Ursache von geistigen Behinderungen ist das Down-Syndrom. Die häufigste nicht-genetische Ursache von geistiger Behinderung ist das fetale Alkoholsyndrom, das durch Alkoholkonsum in der Schwangerschaft ausgelöst wird.[32]

5. Reiten als Sport für Behinderte

Als Behindertenreitsport bezeichnet man das Reiten als Sport für Behinderte oder das Reiten mit Handicap. Behindertenreitsport ist nicht mit Reittherapie gleichzusetzen.

5.1. Reiten als Freizeitsport

Hier steht, genau wie im Leistungssport auch, die sinnvolle Freizeitgestaltung mit dem Tier im Vordergrund, verbunden mit der sozialen Integration und dem Ausgleich oftmals vorhandener behinderungsbedingter Bewegungsarmut. Die Art und Weise, wie am Reitsport teilgenommen wird, hängt von der Art der Behinderung ab. Viele körperlich eingeschränkte Reiter können mit dem üblichen Equipment am Reitsport teilnehmen, größtenteils wird aber mit kompensatorischen Hilfsmitteln geritten, z. B. mit speziellen Zügeln, modifizierten Sätteln (Pauschen, Halteriemchen u. a.), unter Umständen auch mit dem Damensattel. Eventuell beschäftigt sich die gehandicapte Person mit dem Pferd ohne zu reiten, z. B. mit Bodenarbeit. Ein medizinisches Attest oder eine Klassifizierung ist hierfür nicht notwendig.[33]

Für Menschen mit Handicap hat das Reiten, die Haltung und Betreuung des Pferdes einen therapeutischen Effekt, welcher zudem die Beweglichkeit und den Gleichgewichtssinn des Reiters schult und die Muskulatur positiv stärkt.

5.2. Reiten als Leistungssport für Behinderte

An dieser Stelle sei lediglich auf das Dressurreiten eingegangen, da Springsport zwar für Menschen mit geringem Handicap möglich, aber durchaus selten und nur begrenzt durchführbar ist. In der Dressurreiterei sind hingegen viele behinderte Menschen aktiv und teils hoch erfolgreich.

Grundsätzlich kann jeder, entsprechend seinem Talent, seinem Engagement und seinen körperlichen Fähigkeiten am Leistungssport teilnehmen. Im Leistungssport nehmen behinderte Reiter/Fahrer/Voltigierer sowohl an Regelturnieren gemeinsam mit Nichtbehinderten, als auch an speziellen Behindertenturnieren teil. In Deutschland ist für den Pferdesport für Menschen mit Handicap das DKThR zuständig. Dieses arbeitet zusammen mit der FN und mit dem deutschen Behindertensportbund (DBS).[34]

Reiten als Sport für Behinderte ist eine vom DBS anerkannte Behindertensportart. Damit Sportler mit Handicap auch an Vergleichswettkämpfen teilnehmen können, ist eine Sportuntersuchung (Dokumentation der Befunde, Diagnosen und Medikamenteneinnahme) notwendig. Hierfür muss der behandelnde Arzt attestieren, dass Sportfähigkeit vorhanden ist. Fällt der Bescheid positiv aus, wird der Reiter von einem deutschen oder auswärtigen Klassifizierer („Classifier"; I.P.E.C. Internationales Paralympisches Komitee für Reiterei) klassifiziert, also in eine Wettkampfklasse (Grade) eingeteilt. Als Klassifizierer werden speziell fortgebildete Ärzte oder Sportphysiotherapeuten bezeichnet.

Behinderte Sportler, die kompensatorische Hilfsmittel benötigen, welche das Handicap ausgleichen, benötigen einen Sportgesundheitspass, welcher durch das DKThR ausgestellt wird.[35] In diesen werden für jeden Sportler individuell die Wettkampfklasse, nachfolgende Untersuchungen und in Prüfungen zugelassene verwendete Hilfsmittel eingetragen.

Mit der Klassifizierung in Grades soll sichergestellt werden, dass Reiter mit vergleichbaren Einschränkungen vergleichbar bewertet werden. Die Klassifizierung erfolgt nach Gesichtspunkten, die direkt auf das Reiten bezogen sind. Die Ursache der Funktionseinschränkung ist dabei nahezu unwichtig. Das heißt, ob eine Bewegung nicht oder nur wenig ausgeführt werden kann ist wichtig; nicht wichtig ist die Ursache der Behinderung. Eine Einstufung ist aber erst bei einer um mehr als 15 % gegenüber nicht behinderten Reitern reduzierten Funktion denkbar. Daher ist eine Behinderung der Fußfunktion möglicherweise keine ausreichende Begründung für eine Einstufung in die Reitwettkampfklasse. Die Methodik der Einstufung entspricht der Bewertung des Körpers nach Muskelkraft, Gelenkbeweglichkeit, eventuellem Fehlen von Gliedmaßen und Koordination. Stimmt ein Reiter seiner Klassifizierung nicht zu, wird er nicht zu Wettkämpfen zugelassen.[36]

Para-Equestrian-Sport

Das Dressurreiten für Reiter mit Handicap ist bereits seit Atlanta 1996 eine paralympische Disziplin. Wurde bis Sydney (2000) ausschließlich auf zugelosten Pferden des Gastgeberlandes gestartet, gehen die Reiter seit Athen (2004) auf ihren eigenen Pferden ins Viereck. Hierdurch sind das Niveau der reiterlichen Leistungen und auch die Qualität der Pferde immens gestiegen. Im Jahr 2006 ist der Para-Equestrian-Sport offiziell als achte Disziplin von der Internationalen Reiterlichen Vereinigung (FEI) aufgenommen worden und steht hiermit gleichberechtigt zu allen anderen Pferdesportdisziplinen. 2010 wird zum ersten Mal in der Geschichte eine gemeinsame Weltmeisterschaft mit allen acht Disziplinen im amerikanischen

Lexington/Kentucky ausgerichtet. Damit ist der Pferdesport für sämtliche Sportarten „Vordenker" und „Vorreiter" für die Integration des Behindertensports.[37]

Klassifizierung der Reiter nach Grades

Allen Grades sind noch zahlreiche Unterkategorien (Profile) unterstellt, die die einzelnen Arten und die Zusammenstellung des Handicaps detailliert beschreiben.

Grade 1(a,b) beinhaltet die am schwersten behinderten Reiter. Die Athleten sind hauptsächlich Rollstuhlbenutzer, entweder mit geringer Rumpfbalance oder mit begrenzten Arm- und Beinfunktionen. Athleten mit fehlender Rumpfbalance, aber guten Armfunktionen sind auch in dieser Klasse startberechtigt. Geritten werden Prüfungen mit Schritt- und wahlweise Trabsequenzen.

Grade 2 bezeichnet die Athleten, die oft Rollstuhlbenutzer mit starken Einschränkungen der Beinfunktionen und/oder der Rumpfbalance sind, aber gute bis leicht behinderten Armfunktionen aufweisen. Athleten ohne Bewegungsfunktionen eines Armes und eines Beines sind auch in dieser Klasse startberechtigt. Die Prüfungen bestehen aus Schritt- und Trabsequenzen und wahlweise in der Kür mit bestimmten Galopplektionen.

Grade 3 ist die in Deutschland am stärksten vertretene Klassifizierung. Die Athleten können in der Regel ohne Unterstützung gehen. Sie haben Behinderungen entweder an einem Arm und einem Bein, mäßige Behinderungen an beiden Armen und beiden Beinen oder schwere Behinderungen der Arme. Athleten, die als blind (B1) klassifiziert sind, können auch in dieser Klasse starten, ebenso solche, die einseitig hoch beinamputiert sind. Die Prüfungen bestehen aus Schritt-, Trab- und Galoppsequenzen. Die Anforderungen entsprechen vergleichbar der Klasse A bis L im Regelsport.

Grade 4 Reiter müssen Aufgaben vergleichbar zur Dressur der Klassen L bis M im Regelsport absolvieren. Die Athleten haben Behinderungen nur in einer oder zwei Gliedmaßen oder Einschränkungen der Sehfähigkeit. Die Prüfungen bestehen aus Schritt-, Trab- und Galoppsequenzen, wobei die Kür annähernd alle vorstellbaren Dressurlektionen enthalten kann.

In den Küren dürfen in allen Startklassen höhere Dressurlektionen gezeigt werden. Allerdings gibt es aus Sicherheitsgründen bestimmte Einschränkungen: So darf ein Grade 2-Reiter keine Galopppirouetten reiten, während beispielsweise Trabtraversalen erlaubt sind.

Die Anforderungen bei der Ausführung der geforderten Lektionen unterscheiden sich bei Behindertenturnieren nicht von denen der Regelturniere. Es zählt die Skala der Ausbildung: Takt, Losgelassenheit, Anlehnung, Schwung, Geraderichten, Versammlung. Startet ein behinderter Reiter auf einem Turnier, unterliegt er der gleichen Beurteilung wie ein Regelreiter, darf aber Hilfsmittel, die individuell im Sportgesundheitspass niedergeschrieben sind, einsetzen. Bei der Beurteilung der Leistungen wird sehr viel Wert auf das korrekte Reiten, die Linienführung und die Einwirkung des Reiters gelegt.

Anhand dessen, wie das Pferd geht, kann jeder die Einwirkung des Reiters erkennen und beurteilen. Es ist erstaunlich und bewundernswert, wie schnell sich jedes Pferd auf die eine Art der Hilfengebung einstellen kann und möchte. Hier ist danach gefragt, das Pferd nicht mit Kraft zu reiten, sondern mit Wissen, Gefühl und Einfühlungsvermögen. [38]

Mögliche Hilfsmittel in den einzelnen Grades

Grade 1

Handgriff oder Halsriemen, Gummibänder am Bügel, Riemen vom Steigbügelriemen oder Steigbügel zum Gurt, Spezial-Steigbügel, Zügel mit Schlaufen, erhöhte Pausche, Reiter braucht nur mit Kopf grüßen, eine oder zwei Gerten, Stimmenbenutzung, Sitzflächenbezug, keine Steigbügel, kann auch einhändig reiten

Grade 2

Gummibänder am Bügel, Riemen vom Steigbügelriemen oder Steigbügel zum Gurt, evtl. Zügel mit Schlaufen, eine oder zwei Gerten, Reiter braucht nur mit Kopf grüßen, Stimmenbenutzung, Sitzflächenbezug, einen oder keinen Steigbügel, Spezial-Steigbügel

Grade 3

Handgriff, Gummibänder am Bügel, verbindende Zügelquerstrebe, Zügel mit Schlaufen, Reiter braucht nur mit Kopf grüßen, Stimmbenutzung, Sitzflächenbezug, keine Steigbügel, Spezial-Steigbügel

Grade 4

Gummibänder am Bügel, Riemen vom Steigbügelriemen oder Steigbügel zum Gurt; Sitzflächenbezug, eine Gerte, Spezial-Steigbügel

5.3. Fahren als Sport für Behinderte

Bereits vor über 30 Jahren nahmen die ersten behinderten Fahrer an Regelsportturnieren teil. Sie bekamen teilweise das Recht, Hilfsmittel beim Fahren nutzen zu dürfen.

Erst 1993 schlossen sich behinderte Fahrer zur Fachgruppe „Fahren für Menschen mit Behinderung" zusammen. 1994 luden die Engländer diese Fahrer zum ersten internationalen Fahrturnier nach Hartpury ein. Es gelang ihnen, den Mannschaftswettbewerb zu gewinnen. Ein Jahr später schlossen sich die behinderten Fahrer dem DKThR an. Ab diesem Zeitpunkt war es möglich, über den Sportgesundheitspass das Recht zur Verwendung von kompensatorischen Hilfsmitteln einzufordern. Auf internationaler Ebene entstand parallel dazu ein Regelwerk für den Behindertenfahrsport, das 1996 in den Niederlanden bei einem weiteren internationalen Fahrturnier erprobt wurde.

Dank des großen Engagements der deutschen Fahrer mit Handicap fand 1998 in Wolfsburg, parallel zu einer Deutschen Meisterschaft im Regelsport, die erste Weltmeisterschaft der behinderten Einspännerfahrer statt. Vor einem großen, fachkundigen Publikum konnten die Fahrer ihr Können zeigen und ernteten großen Zuspruch. Diese Weltmeisterschaften finden seitdem alle zwei Jahre statt. Im Jahr 2001 wurde die Interessengemeinschaft „Fahren für Menschen mit Behinderung e.V." gegründet. Dieser Verein hat es sich zur Aufgabe gemacht, das DKThR bei der Förderung des Behindertenfahrsportes zu unterstützen und Basisarbeit im Bereich Freizeit- und Turnierfahrsport zu leisten. Im gleichen Jahr wurde die erste Deutsche Meisterschaft für behinderte Einspännerfahrer ausgeschrieben. Auch dieses Turnier findet seit dem jährlich und parallel zu einem hochrangigen Turnier im Regelsport statt. Drei Mannschaftsweltmeistertitel, zwei Einzeltitel und viele gute Platzierungen, aber auch etliche Platzierungen bei Regelsportturnieren von Klasse A bis S, zeugen von dem hohen Niveau, auf dem sich die deutschen Fahrer bewegen.

Heute ist der Fahrsport für behinderte Menschen immer noch eine Randsportart, aber neben einem festen Reglement im Turniersport, vielen Hilfsmitteln, die es bei den unterschiedlichsten Behinderungen möglich machen zu fahren, und einer immer größer werdenden Akzeptanz, gibt es eine Gruppe von Freizeitfahrern und Turnierfahrern, die sich engagieren und interessierten Personen den Zugang zum Behindertenfahrsport eröffnen. Hier finden behinderte Menschen, denen es nicht mehr möglich ist zu reiten, einen Weg, Pferdesport zu betreiben, mit all den therapeutischen Effekten, die die Haltung und Betreuung eines Pferdes mit sich bringt. Durch das Fahren wird die Beweglichkeit erhalten, der Gleichgewichtssinn auf einem sicheren Sitz geschult, die Muskulatur von Händen, Armen und Schultern gestärkt, Aufmerksamkeit, Reaktions- und Einfühlungsvermögen gesteigert. Außerdem bietet das Fahren die Möglichkeit, Familienmitglieder oder Freunde zu begleiten, bei der Fahrausbildung Neues zu lernen, den Freundeskreis zu erweitern oder selber im „Teamsport Fahren" aktiv an Turnieren teilzunehmen.[39]

6. Fallbeispiel - Reiten mit Handicap

„It´s ability, not disability, that counts." – Mit diesem Satz charakterisiert Dr. Angelika Trabert ihre Lebenseinstellung. Frau Dr. Trabert (43 Jahre alt), Anästhesistin und begeisterte Dressurreiterin ist eine Reiterin mit Handicap: Von Geburt an fehlen ihr beide Beine (Dysmelie) und ihre rechte Hand weist eine Fehlbildung auf. „Ich wollte trotz meines Handicaps immer „normal" sein und wie viele Kinder hatte ich den Traum vom Reiten. Besonders Westernfilme und Cowboys haben mich stark fasziniert", so Dr. Angelika Trabert in einem persönlichen Gespräch im Januar 2011. Mit sechs Jahren saß sie erstmalig auf einem Pony. Mittels Hippotherapie verstärkte sich ihre Bindung zum Reiten, es folgte ein erstmaliger Kontakt zum DKThR. Ritt sie in den ersten Jahren mit Beinprothesen und dadurch oft verursachten Schmerzen, legte sie 1985 in den USA erstmals ihre Prothesen zum Reiten ab und machte die Erfahrung, auch ohne diese korrekt und vor allem schmerzfrei reiten zu können.

Bis 1989 ritt sie im Westernsattel, der ihr mehr Halt gab. Von da an nutzte sie einen Spezialsattel, der von der damaligen „Interessengemeinschaft für Therapeutisches Reiten e.V., Nieder-Moos" unter der Leitung und mit großem Engagement von Herrn Pfarrer i.R. Gottfried von Dietze, konstruiert wurde. Dieser Sattel ermöglichte ihr den Start in die Dressurreiterei und es folgten große Schritte:

1990: Reiterabzeichen der Klasse IV und der Klasse III und in den folgenden Jahren Reitwart (Trainer C) und Ausbilder im Reiten als Sport für Behinderte

1992: Kauf des ersten eigenen Pferdes „Ghazim" (Trakehner Wallach, 1989 geboren)

1996: Als Athletensprecherin in den Vorstand der IPEC (International Paralympic Equestrian Committee) gewählt

1999: Reiterabzeichen Klasse II auf eigenem Pferd

2001: Prüfung zum Trainer A (Amateurreitlehrer) im Landgestüt Dillenburg und Prüfung zum Richteranwärter

seit 1991:   international aktiv auf vier Paralympics, vier Weltmeisterschaften und zwei Europameisterschaften – mit elf Silber- und einer Goldmedaille

Mit ihren Pferden startet Angelika Trabert sowohl im Behindertenreitsport, als auch im Regelsport erfolgreich bis zur Klasse M; in 2010 startete sie in ihrer ersten S Dressur.

Abbildung 4: Dr. Angelika Trabert und Walmorel, Quelle: www.angelika-trabert.de

Abbildungen 4 und 5 zeigen Frau Dr. Trabert in einer Turnier- und Trainingssituation mit den in ihrem Sportgesundheitspass eingetragenen, zulässigen Hilfsmitteln: Spezialsattel, zwei Gerten und einen Gertenhalter für ihre rechte Hand (siehe Abb. 6).

Dieses Beispiel aus der Praxis zeigt, wie faszinierend und korrekt das Reiten mit einem Handicap möglich ist und wie beeindruckend und einfühlsam in diesem Fall Walmorel mit ihrer Reiterin umgeht.

Abbildung 5: Dr. Angelika Trabert und Walmorel während des Trainings im Januar 2011, Foto: Annika Schäfer

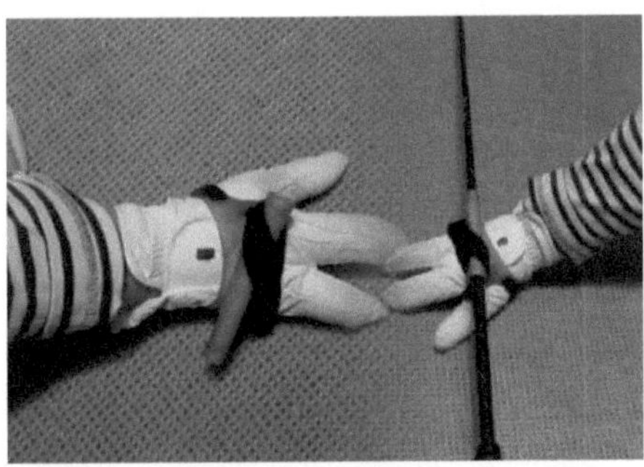

Abbildung 6: Gertenhalter für Personen mit drei verkürzten Fingern ohne Mittelgelenke, ermöglicht den korrekten Einsatz einer Dressurgerte

Angelika Trabert beantwortet meine Frage, ob sie sich denn auch ein Leben ohne Pferde vorstellen könnte wie folgt: „Pferde ermöglichen mir in meinem Leben an Orte zu kommen, die ich weder mit meinen Prothesen noch mit dem Rollstuhl je erreichen könnte. Sie tragen mich unbeeindruckt von meinem äußeren Erscheinungsbild und kommen mir ohne Vorurteile entgegen.".

7. Konsequenzen für die sonderpädagogische Arbeit

Leitprinzipien für Pädagogik und Therapie

Pädagogen, Therapeuten und Psychotherapeuten sollten sich bei den Aufgaben und Zielen rund um den Patienten (bzw. den Reiter mit Handicap) ergänzen und unterstützen. Es muss eine gemeinsame Basis gefunden werden, welche bestimmten Prinzipien geschaffen werden kann:

- Erwachsenengemäße Orientierung: Erwachsene, die an einer geistigen Behinderung leiden, werden oftmals als Kind behandelt und bekommen so nicht den Respekt, den sie verdienen.
- Subjektzentrierung: Bei der Therapie soll auf den Betroffenen geachtet werden, seine Wünsche müssen respektiert werden. Die Behinderung darf nicht zum bloßen Objekt der Therapie werden.
- Ich-Du-Bezug: Jede Therapie sollte als partnerschaftliche Beziehung und nicht als Zwang angesehen werden.
- Emanzipatorisches Prinzip: Der Patient soll sich eigenständig zu einem starken Menschen entwickeln. Seine Wünsche und Interessen sollen mit in seine Entwicklung eingehen.
- Ganzheitlich-integratives Prinzip: Der geistig behinderte Mensch muss als „Einheit" angesehen werden.
- Prinzip der Entwicklungsgemäßheit: In einer für den Patienten angenehmen Situation soll immer eine Stufe mehr erlernt werden.
- „Sein"–lassen und Vertrauen in die Ressourcen: Nicht nur das Lernen und Verbessern der Fähig- und Fertigkeiten sollten im Vordergrund stehen, sondern auch das selbstbestimmte Leben. Dem Patienten muss die Möglichkeit gegeben werden sein eigens Leben zu entdecken.[40]

Ganz offensichtlich schätzen Menschen die Gesellschaft von Tieren. Nahezu jeder weiß aus eigener Erfahrung zu berichten, wie wohltuend die freudige Begrüßung eines Hundes oder das gleichmäßige Schnurren einer Katze sein können. Die Wirkung von Tieren auf Menschen wurde schon in zahlreichen Studien untersucht. Vor allem aus dem englischsprachigen Raum existiert eine Fülle von

Veröffentlichungen, welche sich mit den Wirkungen zwischen Menschen und Tieren auseinandersetzen.

So z.B. auch über das Reiten als Behindersportart. Wirkungen werden wie folgt beschrieben: „Die Bauch- und Rückenmuskulatur von gehbehinderten Reitern wird gekräftigt. Auch emotionale Wirkungen werden erzielt. Bei einem Ausritt in die Natur erleben Menschen mit einer Gehbehinderung, dass bei diesem Erlebnis nicht die Tatsache, nicht selbst laufen zu können, dominiert. Dafür wissen sie, wie man ein Pferd reitet, das sie über das Gelände trägt." (ELTZE 1995).

Entscheidend für die Entstehung einer Beziehung zwischen Menschen und Tieren ist das Vorhandensein von Du-Evidenz. „Sie funktioniert im Verhältnis zu Tieren – wenigstens zu für Menschen ausdrucksfähigen Tieren, im Gegensatz etwa zu Insekten – ebenso gut wie im zwischenmenschlichen Kontakt und bedarf keiner Sprache" (SCHMITZ 1992). Sozial lebende Tiere eignen sich besonders gut zum Aufbau einer Du-Beziehung. Menschen und Tiere wollen gleichermaßen eine derartige Beziehung eingehen, um daraus emotionale und soziale Grundbedürfnisse stillen zu können (RHEINZ 1994). Ein anderer Aspekt, der die Mensch-Tier-Beziehung zu etwas Besonderem macht, ist die Art der Kommunikation. Es ist ein „Verstehen ohne Worte" (RHEINZ 1994) möglich. Dabei steht nicht die Vermittlung von Wissen oder die Weiterleitung von Informationen durch Wissenschafts- oder alltägliche Sprache im Vordergrund. Ein Tier kann sprachliche Informationen nicht verstehen. Es nimmt jedoch intuitiv die Stimmung wahr, indem es nonverbale Signale auffängt.

Ein Beispiel für die erstaunlich präzise Einfühlungs- und Beobachtungsgabe von Tieren liefert die Geschichte um den „klugen Hans". Dabei handelte es sich um ein Pferd, dessen Besitzer versuchte, dem Tier Addieren und Subtrahieren beizubringen. Nach einiger Übung zeigte das Pferd die Lösungen der ihm gestellten Rechenaufgaben durch Klopfen mit einem Vorderbein an. Der „kluge Hans" hatte jedoch nicht gelernt, die Aufgaben selbstständig zu berechnen. Das Pferd beobachtete lediglich die kaum sichtbaren unterschwelligen Kopfbewegungen des Aufgabenstellers. Diese zeigte es durch das Klopfen mit den Hufen an. Beendete der Mensch seine Kopfbewegungen, brach auch das Tier sein „Mitzählen" ab (RHEINZ 1994).

Mensch-Tier-Beziehungen in der sonderpädagogischen Arbeit

Diese Beziehungen können in verschiedenen Kontexten hilfreich sein:

- Einsatz von Tieren bei therapeutischen Behandlungen: positive Wirkungen für den Menschen
- Tiere agieren als „Helfer" bei der Erreichung pädagogischer Zielsetzungen
- Tiere assistieren dem Therapeuten
- Die besondere Beziehung zwischen Menschen und Tieren spiegelt sich in alltäglichen Begegnung wider

In verschiedenen Studien wurde die beruhigende Wirkung von gutmütigen Tieren belegt (FRIEDMANN 1995). Aus der Gesellschaft und Freundschaft von Tieren können Menschen einen Gewinn in physiologischer, psychischer und sozialer Hinsicht erzielen. Es ist nicht immer möglich, die auftretenden Wirkungen eindeutig einer dieser Einteilungen zuzuordnen. So kann beispielsweise ein Tier einen günstigen Effekt auf das körperliche Wohl eines Menschen hervorrufen. Dieser kann wiederum zu psychischen Verbesserungen führen und letztendlich zu Veränderungen im sozialen Leben. Trotzdem soll versucht werden, die Effekte einzuordnen.

Neben physiologischen Auswirkungen stellen sich Effekte auf die Psyche und Emotionen ein. So hob McCULLOCH (1983) hervor, Tiere seien eine Quelle von Begeisterung, Verbundenheit und Humor. Sie schaffen es immer wieder, Menschen zum Lachen zu bringen. Die Stimmung hellt sich auf und Depressionen wird entgegengewirkt (OLBRICH 1997; Smet 1993). Tiere verdrängen durch ihre bloße Anwesenheit Gefühle der Einsamkeit. Sie sind in der Lage, emotionale Lücken, wie z. B. durch den Verlust eines nahen Angehörigen, zu füllen. Es wurde auch nachgewiesen, dass die Verantwortung, die man für ein Tier übernommen hat, Menschen davon abhält, Selbstmord zu begehen. Eben diese Verantwortung wirkt vor allem auf ältere Menschen stabilisierend, da sie den Tagesablauf strukturiert. Außerdem müssen die mit einem Tier verbundenen Pflichten wahrgenommen werden, unabhängig von der momentanen Stimmung und Befindlichkeit. Nach großen Aufregungen helfen Tiere den Menschen dabei, sich wieder zu beruhigen. Tierische Gefährten sind in der Lage, Spannungen zu vermindern oder gar aufzulösen. Besonders in Krisensituationen schätzen Menschen die Anwesenheit von Tieren, da sie Anteil nehmen und die Regeneration nach psychischen Belastungen fördern (SMET 1993).

Im sonderpädagogischen Bereich stellt sich die Frage, welchen Beitrag Heimtiere aus der Sicht von Ärzten, Mitarbeitern von Krankenkassen und Vertretern staatlicher Gesundheitsorganisationen zur primären und sekundären Prävention leisten. Primäre Prävention betrifft dabei die Etablierung und Förderung eines gesunden Lebensstils, sekundäre Prävention bezeichnet die Vorbeugung und Förderung der Gesundheit bei Personen, die Risikogruppen angehören.

Als Ergebnis stellte sich heraus, dass bei den befragten Berufsgruppen die stimulierenden und förderlichen Wirkungen von Heimtieren zum Teil bekannt sind. 85 % der Ärzte setzen Vertrauen in Tiere als Co-Therapeuten. Allerdings scheitert die Umsetzung in die alltägliche Praxis häufig noch an mangelndem wissenschaftlichen Basiswissen und einer unzureichenden Ausbildung im sonderpädagogischen Bereich. Im deutschsprachigen Raum sind Therapieformen unter Einbeziehungen von Tieren noch lange nicht etabliert. [41]

Ausbilder im Reiten als Sport für Behinderte müssen so beispielsweise Kenntnisse über die verschiedenen Beeinträchtigungen behinderter Reiter haben. Neben der Ausbildung geeigneter Pferde stehen die Auswahl kompensatorischer Hilfsmittel und die besondere Art der Unterrichtserteilung im Vordergrund. Um diese Aufgaben erfüllen zu können, benötigen die Fachkräfte vor Beginn der Weiterbildung mindestens den Nachweis einer Trainer C Lizenz im Reiten. Um den sonderpädagogischen Bereich mit dem Reitsport für Menschen mit Handicap verknüpfen zu können, bedarf es einer speziellen Aus- und Weiterbildung der Trainer.

8. Schlussbetrachtung

„It´s abilitiy not disability that counts." Das Zitat von Dr. Angelika Trabert beschreibt die Möglichkeiten, die sich durch Behindertenarbeit im Reitsport ergeben. Ein Mensch, sei er körperlich oder geistig behindert, wird von einem Pferd akzeptiert und entsprechend seiner Behinderung wahrgenommen. Dadurch ergibt sich in vielen Fällen eine besondere Beziehung zwischen Pferd und Reiter – das Pferd vermag mit besonderem Gefühl auf die Schwäche des Reiters zu reagieren. Die Möglichkeiten, die sich durch das Reiten auf einem Pferd, durch das Führen eines Pferdes oder durch bloßes Berühren des Fells ergeben, sind vielfältig. So kann ein Pferd einen körperbehinderten Menschen dazu befähigen, unwegsames Gelände zu betreten, erhaben und groß zu wirken, was ihm im Alltag vielleicht nie möglich wäre.

Die Mensch-Pferd-Beziehung ist eine besondere, denn „auf dem Pferd hat jeder vier gesunde Beine"[42]!

Quellenverzeichnis

[1] **Statistisches Bundesamt** (2010): Pressemitteilung Nr. 325 vom 14.09.2010

[2] **Heipertz, W.** (1977): Therapeutisches Reiten, Medizin, Pädagogik, Sport; Franckh, Stuttgart, S.15

[3] **Zlamy Rüdiger** (2002): Behindertenarbeit dargestellt am Beispiel Reitsport und Konsequenzen für die Arbeit mit Kindern im sonderpädagogischen Bereich, Diplomarbeit

[4] http://www.familienhandbuch.de/cmain/f_Aktuelles/a_Behinderung/s_503.html (10.01.2011)

[5] **Schmutzler, H.-J.**(2000): Handbuch Heilpädagogisches Grundwissen, Einführung in die Früherziehung behinderter und von Behinderung bedrohter Kinder

[6] **Bleidick, U.** (1981): Einführung in die Behindertenpädagogik Bd. 1., Stuttgart, S.9

[7] http://woerterbuch.babylon.com/sonderp%C3%A4dagogik/ (17.12.2010)

[8] **Kaune, W.** (1995): Das Heilpädagogische Voltigieren und Reiten mit geistig behinderten Menschen; FN-Verlag Warendorf, S.12

[9] Deutsches Kuratorium für Therapeutisches Reiten e.V.

[10] **Kaune, W.** (1995): Das Heilpädagogische Voltigieren und Reiten mit geistig behinderten Menschen; FN-Verlag Warendorf, S.13

[11] **Heipertz, W.** (1977): Therapeutisches Reiten, Medizin, Pädagogik, Sport; Franckh, Stuttgart, S.117

[12] http://brenner-hanne.homepage.t-online.de/reiten%20mit%20handicap.htm (17.12.2010)

[13] **Trabert, A.** (2011): Persönliches Gespräch

[14] **Trabert, A.** (2011): Persönliches Gespräch

[15] **Heipertz, W.** (1977): Therapeutisches Reiten, Medizin, Pädagogik, Sport; Franckh, Stuttgart, S.151, sowie Trabert, A. (2011): Persönliches Gespräch

[16] **Heipertz, W.** (1977): Therapeutisches Reiten, Medizin, Pädagogik, Sport; Franckh, Stuttgart, S.131

[17] **Heipertz, W.** (1977): Therapeutisches Reiten, Medizin, Pädagogik, Sport; Franckh, Stuttgart, S.134

[18] http://de.m.wikipedia.org/wiki/Exterieur_(Pferd)?wasRedirected=true (17.12.2010)

[19] http://de.m.wikipedia.org/wiki/Exterieur_(Pferd)?wasRedirected=true (17.12.2010)

[20] http://de.m.wikipedia.org/wiki/Exterieur_(Pferd)?wasRedirected=true (17.12.2010)

[21] http://de.m.wikipedia.org/wiki/Exterieur_(Pferd)?wasRedirected=true (17.12.2010)

[22] http://de.m.wikipedia.org/wiki/Exterieur_(Pferd)?wasRedirected=true (17.12.2010)

[23] http://de.m.wikipedia.org/wiki/Exterieur_(Pferd)?wasRedirected=true (17.12.2010)

[24] http://de.m.wikipedia.org/wiki/Exterieur_(Pferd)?wasRedirected=true (17.12.2010)

[25] http://de.m.wikipedia.org/wiki/Exterieur_(Pferd)?wasRedirected=true (17.12.2010)

[26] http://de.wikipedia.org/w/index.php?title=K%C3%B6rperbehinderung&printable=yes (10.01.2011)

[27] http://www.familienhandbuch.de/cmain/f_Aktuelles/a_Behinderung/s_503.html (17.12.2010)

[28] http://www.familienhandbuch.de/cmain/f_Aktuelles/a_Behinderung/s_503.html (17.12.2010)

[29] http://www.familienhandbuch.de/cmain/f_Aktuelles/a_Behinderung/s_503.html (17.12.2010)

[30] http://www.familienhandbuch.de/cmain/f_Aktuelles/a_Behinderung/s_503.html (17.12.2010)

[31] http://www.sehbehinderung.de/sehbehinderung/definition.htm (17.12.2010)

[32] http://de.wikipedia.org/wiki/Geistige_Behinderung (17.12.2010)

[33] http://de.wikipedia.org/wiki/Behindertenreitsport (17.12.2010)

[34] http://de.wikipedia.org/wiki/Behindertenreitsport (17.12.2010)

[35] http://www.dkthr.de/sport.php?n2=sportgesundheitspass (17.12.2010)

[36] http://de.wikipedia.org/wiki/Behindertenreitsport (17.12.2010)

[37] http://www.dkthr.de/sport.php?n2=dressur (17.12.2010)

[38] http://www.dkthr.de/sport.php?n2=dressur (17.12.2010)

[39] http://www.dkthr.de/sport.php?n2=fahren (17.12.2010)

[40] http://de.wikipedia.org/wiki/Geistige_Behinderung (10.01.2011)

[41] http://web.archive.org/web/20070626072612/http://wwwalt.uni-wuerzburg.de/sopaed1/breitenbach/delfin/bauer/text.htm#begriff (10.01.2011)

[42] **Dietze, Gottfried v.**: in mehreren persönlichen Gesprächen